...ANSFORMATION DU MATÉRIEL

ET DES PROCÉDÉS DE LA MARINE MARCHANDE

CONDITIONS A OBSERVER

DANS LA CONSTRUCTION DES PORTS DE COMMERCE

Par C.-V. LEGAL

BORDEAUX

IMPRIMERIE G. GOUNOUILHOU

9-11, RUE GUIRAUDE, 9-11

1902

TRANSFORMATION DU MATÉRIEL

ET DES PROCÉDÉS DE LA MARINE MARCHANDE

CONDITIONS A OBSERVER

DANS LA CONSTRUCTION DES PORTS DE COMMERCE

Par C.-V. LEGAL

Extrait de la *Revue Philomathique de Bordeaux et du Sud-Ouest*
5ᵉ année, n° 2, février 1902

BORDEAUX

IMPRIMERIE G. GOUNOUILHOU

9-11, RUE GUIRAUDE, 9-11

1902

TRANSFORMATION DU MATÉRIEL
ET DES PROCÉDÉS DE LA MARINE MARCHANDE

CONDITIONS A OBSERVER DANS LA CONSTRUCTION
DES PORTS DE COMMERCE

TRANSFORMATION DU MATÉRIEL DE LA MARINE MARCHANDE

La recherche des progrès réalisés dans les diverses branches de l'activité humaine présente toujours un intérêt considérable qui se trouve encore accru lorsque cette recherche doit conduire non seulement à la connaissance du passé, mais aussi à la prévision de ce qu'il est utile de faire pour l'avenir. A ce double point de vue, les questions relatives à la *transformation du matériel et des procédés de la marine marchande* devaient exciter l'attention. Elles ont fait l'objet, au dernier Congrès de navigation, d'un remarquable rapport, dû à M. Vétillart, ingénieur en chef du port du Havre, dont les conclusions ont été adoptées par le Congrès en assemblée générale. Le but principal de ce rapport était de dégager des transformations déjà accomplies ou à prévoir, d'après les tendances actuelles, une indication quant aux dispositions générales qu'il importe d'adopter pour les grands ports de commerce. Il ne sera pas sans intérêt d'en résumer ici les points principaux.

« Le navire, envisagé au point de vue des ouvrages maritimes qui sont appelés à le recevoir ou à lui donner passage aussi bien qu'au point de vue de la force nécessaire pour le mettre en mouvement, est défini généralement par le volume ou le déplacement en poids de la carène en charge, par les dimensions principales de la carène : longueur, largeur et tirant d'eau, et par un coefficient dépendant de la finesse des formes, qui est le rapport du volume de carène au volume du parallélipipède circonscrit. »

Actuellement, dans les paquebots de grande vitesse, comme dans les cargo-boats, la maîtresse section du navire se rapproche beaucoup du rectangle circonscrit; la finesse des formes est obtenue par un amincissement du navire à l'avant et à l'arrière. Le rapport du volume de carène au volume du parallélipipède circonscrit varie de 0,65 à 0,75 pour les cargo-boats; il est de 0,60 et même moins dans les paquebots de grande vitesse pour lesquels il importe de diminuer la résistance à la propulsion.

Le rapport du tirant d'eau à la largeur est généralement de 0,55, mais souvent l'insuffisance du mouillage dans les ports à desservir conduit à adopter un rapport de 0,45 et même 0,40, qui est moins favorable au point de vue de la stabilité du navire.

Le rapport de la longueur à la largeur, qui, dans les anciens voiliers en bois, était de 3,60 à 3,80 et qui ne dépassait pas 5,50 dans les clippers à construction très soignée, a pu, grâce à l'emploi du fer et de l'acier, atteindre 10 et même 11 dans certains paquebots à grande vitesse. Cependant, des allongements excessifs entraînent des renforcements qui alourdissent la coque sans éviter, en grande vitesse et par gros temps, des vibrations fâcheuses à tous les points de vue. Aussi, et pour les cargo boats, se tient-on ordinairement entre 7 et 9 et pour les grands transatlantiques entre 9 et 10.

Le poids, ou déplacement total d'un navire à vapeur, se répartit entre : 1° le poids du navire proprement dit (coque et accessoires fixes), 2° le poids de l'appareil moteur (machines motrices, chaudières), 3° le poids de l'approvisionnement de charbon, 4° le poids utile transporté.

Le premier de ces éléments représente aujourd'hui normalement 0,30 du poids total pour les cargo-boats, 0,40 pour les navires mixtes à marchandises et voyageurs; il s'élève à 0,50 pour les grands transatlantiques à cause de leur longueur, de la multiplication des cloisons étanches, des renforcements nécessités par leur grande vitesse, à cause aussi de l'ampleur et du luxe des installations intérieures.

Le poids de l'appareil moteur était, à l'origine de la navigation à vapeur, de 800 kilogrammes par cheval développé: il n'est plus aujourd'hui que de 200 à 250 kilogrammes. Une pareille réduction a été obtenue grâce à la substitution de l'hélice aux roues à aube, au remplacement des anciennes machines à balancier ou à engrenages par des machines à action directe, à l'élévation de la pression de travail de la vapeur, à l'emploi du tirage forcé et des chaudières à tubes d'eau, aux progrès de la métallurgie qui ont entraîné une diminution de l'échantillon et du poids des organes.

Les premières machines, à basse pression et à condenseur par injection, consommaient $4^{kgs}5$ de charbon par cheval-heure; aujourd'hui on construit couramment pour la marine marchande des machines ne dépensant pas plus de 800 grammes à 1 kilogramme par cheval-heure; cette dépense descend même jusqu'à 600 grammes pour des machines soignées, bien conduites. Cette économie considérable doit être attribuée surtout à l'adoption du condenseur par surface, à l'amélioration du type des chaudières, à l'emploi de l'expansion multiple (compound, triple et quadruple expansion), qui ont permis d'élever la pression de travail de la vapeur depuis 300 grammes par centimètre carré jusqu'à 12 et 20 kilogrammes, et d'obtenir par la détente une meilleure utilisation mécanique de la chaleur.

Le poids utile qui peut être transporté par un navire est tout ce qui reste du déplacement après déduction des trois éléments dont nous venons d'examiner l'importance et les variations. L'analyse de la question montre que le rapport de ce poids utile au poids total diminue lorsque la vitesse du navire augmente, ainsi que la distance à franchir. Or, on recherche de plus en plus cette augmentation de vitesse et de distance, et, étant donnés les progrès accomplis quant à la réduction des autres éléments du poids total, on n'a plus guère d'autre ressource, pour améliorer le coefficient d'utilisation, que l'accroissement du tonnage, lequel est limité par les condilions matérielles des ports et par la nécessité commerciale d'assurer l'emploi de la capacité totale du navire.

« Les conditions commerciales de la navigation dépendent du rapport entre les recettes et les dépenses occasionnées par les transports.

» Ces conditions sont très différentes suivant la nature des transports, qui comportent notamment deux cas extrêmes correspondant à des exigences bien distinctes et difficilement compatibles.

» Le premier cas est celui du transport des voyageurs riches, des courriers postaux et des marchandises de luxe et de grand prix. La recherche, avant toute autre considération, du confortable, de la vitesse, de la régularité et de la sécurité, est la caractéristique de ces transports, qui s'appliquent à des poids relativement minimes... Dans ce cas, le poids utile à transporter étant presque négligeable, le problème à résoudre est à peu près uniquement celui de la distance franchissable, le prix du voyage et du fret n'ayant d'autre régulateur que la concurrence des entreprises rivales (étant admis qu'il est donné satisfaction aux convenances à desservir, sous le rapport du confort, de la vitesse, de la régularité, de la sécurité).

» Le transport des marchandises lourdes, encombrantes, d'une faible valeur relative, comporte des conditions très différentes. Pour ces marchandises, qui constituent pour la plus grande partie le tonnage du trafic maritime, le commerce réclame sans doute un degré croissant de régularité et de rapidité, dont il est souvent disposé à tenir compte au transporteur par une majoration sur le prix du fret ; mais il admet d'ordinaire une certaine latitude dans les délais de transport, sous condition de réaliser le maximum d'économie compatible avec ces délais. Le taux précis du fret demeure la conséquence de la loi économique de l'offre et de la demande... Il est d'autant plus rémunérateur qu'un plus grand écart peut être obtenu entre le prix du fret et le prix de revient.

» Celui-ci se compose de plusieurs éléments qui se rapportent aux frais généraux de l'entreprise de transport, à l'intérêt et à l'amortissement du capital représenté par le matériel naval, aux primes d'assurance et aux frais d'exploitation. »

Les frais généraux, qui dépendent du mode d'organisation de l'entreprise et de l'importance de ses affaires, représentent une faible fraction du prix de revient.

L'intérêt et l'amortissement du capital se composent de deux éléments inversement proportionnels, l'un à l'utilisation annuelle du navire transporteur, l'autre à l'utilisation commerciale annuelle de l'appareil moteur.

La prime d'assurance est fixée par abonnement annuel, proportionnellement à la valeur totale du navire et de ses machines.

Les frais d'exploitation comprennent : 1° les salaires et l'entretien de l'équipage employé tant au service du navire qu'au service de la machine : on peut admettre qu'ils sont proportionnels au déplacement du navire et à la puissance : 2° les frais de consommation de combustible : 3° les frais de fournitures accessoires et les frais d'entretien et de réparation du navire et des machines, sensiblement proportionnels, pour chaque traversée, aux poids du navire et des machines : 4° les frais de port, tels que les frais de pilotage, de remorquage, de chargement, de déchargement, les taxes locales dont une grande partie est à peu près proportionnelle à l'importance des opérations réellement effectuées dans chaque port.

PROCÉDÉS NOUVEAUX DU COMMERCE MARITIME

Les navires à vapeur, grâce à l'extension progressive de leur rayon d'action, ont réussi à atteindre les points les plus éloignés du globe tout en mettant à la disposition du commerce des capacités utiles de transport de plus en plus grandes avec des conditions de vitesse et de régularité très supérieures. La navigation à vapeur a ainsi favorisé la colonisation et les progrès économiques de régions autrefois étrangères à la civilisation, en même temps qu'elle a développé les échanges entre les diverses parties du monde. Ce développement a encore été aidé par l'ouverture du canal de Suez et par la création de stations de charbons convenablement réparties sur les grandes routes maritimes.

Les lignes régulières de navigation se sont multipliées. Sur quelques lignes à grand trafic, les principales entreprises ont reconnu l'avantage de dédoubler leurs services en affectant des navires rapides aux relations postales et au transport des voyageurs et en confiant les marchandises à des navires plus lents, d'exploitation plus économique.

Le rôle de la navigation irrégulière s'est complètement modifié. A la sortie d'Europe, en dehors des transports de charbon, il ne s'exerce que dans des circonstances exceptionnelles; au retour, au contraire, il est resté très important, notamment pour assurer le transport de certaines marchandises qui, au moment des récoltes, affluent sur les marchés extérieurs : blés, grains, cotons...

Les avantages de la navigation à voiles, qui s'étaient longtemps maintenus pour certaines lignes à grands parcours maritimes, autrefois dépourvues d'escales, disparaissent peu à peu en raison de l'économie croissante et de la plus grande sécurité de la navigation à vapeur.

Le rôle commercial des services réguliers s'étend chaque jour davantage. Pour faire à grande distance des transports économiques et relativement rapides, l'accroissement du tonnage s'est imposé. En même temps, les compagnies ont été conduites à organiser, dans le voisinage des points de départ et d'arrivée, des escales pour recueillir ou distribuer le fret du navire; elles ont dû développer leurs moyens d'action et créer dans les ports d'escale des agences qui, outre qu'elles préparent et groupent les éléments de la cargaison, constituent pour elles autant de services d'information; elles ont passé des traités avec les expéditeurs et destinataires principaux, et finalement elles ont accaparé la plus grande partie du fret ordinaire. Elles ont pu ainsi, en accroissant le tonnage de leurs navires (dont l'utilisation à peu près complète était assurée), réaliser des bénéfices tout en augmentant les vitesses, grâce à l'appoint fourni par les subventions postales et les recettes en voyageurs. Les propriétaires de vapeurs irréguliers ont cherché à lutter en augmentant aussi le tonnage de leur matériel ; mais ils se sont trouvés aux prises avec de grandes difficultés pour l'utilisation régulière de ce tonnage, ne pouvant le plus souvent compléter leur chargement qu'en subissant toutes les fluctuations du marché des frets.

Le commerce maritime actuel présente donc une tendance marquée vers l'extension du trafic des lignes régulières desservies par des navires de très fort tonnage et de vitesse accélérée.

Le seul obstacle que rencontre cette tendance est l'insuffisance de profondeur des ports, chenaux ou rivières, que les navires doivent fréquenter. Les règles pratiques de la construction navale ne permettent pas, en effet, de dépasser certaines limites pour le rapport de la largeur au tirant d'eau et de la longueur à la largeur ; on voit, par suite, que l'accroissement du tonnage est subordonné à l'accroissement du tirant d'eau.

On se préoccupe un peu partout de permettre l'accès de navires à fort tirant d'eau. C'est ainsi qu'on a reconnu la nécessité de porter la profondeur des passes de New-York à $10^m 67$ sous basse mer ; que des profondeurs voisines de 9 mètres sous basse mer sont réalisées à Southampton. Cuxhaven, Bremerhaven, Amsterdam et dans nombre de ports de la Méditerranée ; qu'on cherche à les atteindre sur la Meuse et l'Escaut afin de rendre Rotterdam et Anvers constamment accessibles aux navires du plus fort tonnage ; enfin, que des profondeurs de 8 à 9 mètres sous basse mer sont atteintes ou en voie de réalisation à l'entrée des ports de Québec, Montréal. Halifax. Boston, Baltimore. Newport-News, Nouvelle-Orléans, San Francisco, Vancouver. On doit ajouter que des navires de $8^m 50$ à 9 mètres de tirant d'eau peuvent faire leurs opérations à quai ou au mouillage dans des baies parfaitement abritées à la Havane, Kingston, Vera-Cruz, Rio-Janeiro, Bombay. Colombo, Saïgon, Hong-Kong, Nouméa, etc. Le mouillage du canal de Suez ne donne actuellement accès qu'à des navires de $7^m 80$ de tirant d'eau ; le jour où ce mouillage aura été augmenté, on verra certainement la navigation vers l'Orient se mettre en mesure d'en profiter.

« L'abandon de la navigation à voiles, l'affectation exclusive au service des voyageurs et des dépêches postales des paquebots à très grande vitesse, la prépondérance des lignes régulières, même pour le transport des marchandises, la progression croissante et rapide du tonnage et de la vitesse, même pour les navires employés à ces services, la réduction de la durée de séjour dans les ports, la nécessité de multiplier les escales vers l'origine et vers l'extrémité des grands trajets maritimes, la préférence assurée pour ces escales aux ports littoraux à grande profondeur où les grands navires puissent entrer à toute heure et faire leurs opérations sans perte de temps, tels sont les faits saillants sur lesquels il faut appeler l'attention en ce qui concerne les tendances et les besoins actuels de la navigation au long cours. »

Ces faits sont confirmés par les renseignements de la statistique.

Au 31 décembre 1893, l'effectif naval du monde entier comprenait 30,721 navires formant un tonnage de 24,569,496 tonneaux, dont 17,814 voiliers avec 8,503,294 tonneaux, tandis qu'au 31 décembre 1898 cet effectif était de 28,180 navires représentant 27,673,528 tonneaux, dont 12,856 voiliers seulement avec 6,795,782 tonneaux.

En 1894, les navires de 5,000 tonneaux et au-dessus étaient au nombre de 146, formant un tonnage de 898,433 tonneaux; ils étaient 395 en 1899 et présentaient un tonnage de 2,636,885 tonneaux.

De 1889 à 1899, le tonnage brut moyen des navires empruntant le canal de Suez est passé, malgré la limite imposée par le tirant d'eau de 7^m80, de 2.805 à 3.850 tonneaux.

La *Britannia*, navire à aubes, qui inaugura pour la Compagnie Cunard le service postal sur la ligne de New-York, en 1840, avait 63^m09 de long, 10^m485 de largeur au maître couple, 6^m89 de creux sur quille, 5 mètres environ de tirant d'eau, 2,000 tonnes de déplacement correspondant à un tonnage brut de 1,154 tonneaux, 740 chevaux de puissance et 8 nœuds et demi de vitesse à la mer.

L'*Oceanic*, de la ligne White Star, a 215^m04 de longueur hors œuvre, et 207ᵐ39 entre perpendiculaires, 20ᵐ75 de largeur, 14ᵐ93 de creux sur quille, 9ᵐ91 de tirant d'eau, 28,500 tonnes de déplacement, avec un tonnage brut de 17,274 tonneaux. 27,000 chevaux de puissance et 20 nœuds de vitesse.

A côté de l'*Oceanic*, il convient de citer le *Kaiser-Wilhelm-der Grosse* et le *Deutschland* qui, sans avoir des dimensions aussi grandes, ont cependant des puissances de 28,400 et 33,000 chevaux, permettant d'atteindre des vitesses de 23 nœuds.

Parmi les grands paquebots français, on doit signaler la *Lorraine* et la *Savoie* qui ont été construites avec des dimensions un peu moindres que les précédents, à cause des dispositions actuelles du port du Havre, et qui fournissent une vitesse de 22 nœuds.

<h2 style="text-align:center">CONDITIONS D'ÉTABLISSEMENT DES OUVRAGES DES PORTS
DE COMMERCE</h2>

De ce qui précède, on peut déduire que, pour satisfaire complètement aux besoins du commerce, les grands ports maritimes ouverts à la navigation au long cours, soit comme têtes de ligne de services réguliers, soit comme escales (principalement dans ce dernier cas), devraient être, dès maintenant, en état de recevoir à toute heure des navires de 9 mètres de tirant d'eau pouvant avoir 20 mètres de largeur et 200 mètres de longueur, et que, dans un délai peu éloigné, ils devront être aménagés en vue d'un tirant d'eau de 10 mètres, correspondant à une largeur de 22 à 24 mètres, une longueur de 225 à 240 mètres, et un déplacement de 30,000 à 35,000 tonnes.

Les passes extérieures doivent être établies et entretenues aussi larges, aussi profondes et aussi directes que possible, pour faciliter le passage des grands navires dont la largeur rend toujours l'évolution peu commode. Le nouveau chenal du Havre aura une largeur de 300 mètres, avec un mouillage de 10 mètres sous basse mer et des rayons de courbe supérieurs à 2,000 mètres. Une même largeur a été admise pour la passe extérieure de la baie de New-York. On peut réduire cette largeur si la passe est courte, rectiligne, bien balisée et soustraite à de forts courants transversaux.

La largeur libre qu'il importe de donner à l'entrée des ports dépend, comme celle des passes, des circonstances locales. Si cette entrée est exposée à des courants transversaux, il est bon de lui donner une largeur au moins égale à la plus grande longueur des navires, soit 200 à 250 mètres, surtout si elle est comprise entre des jetées. Celles-ci doivent être fondées de manière à permettre un approfondissement de l'entrée jusqu'à 10 mètres sous basse-mer. Il est nécessaire que les grands navires trouvent dans les avant-ports, sur l'étendue de leurs évolutions, une profondeur suffisante pour rester à flot. Les avant-ports doivent être pourvus de quais abrités pour les opérations d'escale, qu'il importe de pouvoir faire sans être obligé d'entrer dans les bassins ; ces quais d'escale doivent offrir un mouillage de 9 à 10 mètres dans les conditions les plus défavorables de la marée ; leur développement doit être suffisant pour permettre aux paquebots d'y trouver place sans attendre.

Dans les ports à marée, l'entrée des bassins à flot se fait au moyen d'écluses à sas. Il serait désirable que le seuil d'aval de ces écluses fût descendu à 9 mètres et 10 mètres au-dessus de basse mer, afin qu'un navire pût le franchir dès son arrivée dans l'avant-port, quel que soit l'état de la marée. Mais la réalisation de ce desideratum présente de sérieuses difficultés au point de vue de la construction et de l'exploitation. On peut se contenter de remplir les conditions suivantes : le seuil d'amont de l'écluse devra être à un niveau tel que le mouillage disponible au-dessus de lui permette le passage des plus grands navires, même lorsque l'eau dans les bassins est descendue au niveau le plus bas qu'elle puisse atteindre. Ce seuil devra donc être à 9^m50 ou 10^m50 au-dessous des plus faibles hautes mers de morte eau. Sur le seuil d'aval les plus grands navires devront pouvoir passer pendant la moitié au moins de la marée ; il sera par suite à 9^m50 ou 10^m50 au-dessous du niveau moyen de la mer.

La largeur des écluses doit être de 25 à 30 mètres; cette dernière dimension s'impose, si les circonstances locales permettent d'aborder l'entrée des bassins avec une certaine vitesse, afin de ne pas perdre les bénéfices de cet avantage.

La longueur utile du sas doit atteindre, dès à présent, 200 mètres au moins; en vue des besoins de l'avenir, il est bon de la prévoir à 240 ou 250 mètres. Au Havre, pour la nouvelle entrée, on a admis 240 mètres.

De pareilles écluses doivent être outillées de manière à limiter la durée du sassement à une demi-heure au plus; il faut donc les pourvoir d'appareils hydrauliques ou électriques pour le halage des navires et la manœuvre des portes, vannes, ponts-tournants, et les munir d'aqueducs de remplissage et de vidange à grande section et à orifices multiples répartis sur la longueur des bajoyers.

Les dispositions et l'étendue des bassins à flot dépendent des circonstances locales et de l'importance du trafic à desservir, mais les ouvrages doivent toujours être tracés de telle sorte que l'accès des quais soit également commode d'un côté pour les navires, de l'autre pour les véhicules arrivant par voies ferrées ou voies charretières. Près de l'écluse d'entrée, on doit trouver une surface d'eau assez étendue pour les évolutions; la profondeur ne doit pas y être inférieure à 10 mètres au-dessous du niveau le plus bas que peut atteindre l'eau dans les bassins.

Le développement linéaire des quais doit être suffisant pour que des places convenables et distinctes soient affectées à chacune des lignes régulières fréquentant le port. Les plus grands navires doivent avoir leurs postes près de l'entrée. Il y a le plus souvent avantage, quand les circonstances locales s'y prêtent, à disposer autour d'un bassin principal, assez grand pour les mouvements de la navigation, une série de darses plus étroites, séparées par des môles. Cette disposition se prête bien à l'utilisation des quais par des navires de longueur variable, elle multiplie le développement des quais pour une surface d'eau donnée, et elle conduit à une distribution satisfaisante des voies ferrées. Quand toutes les opérations doivent se faire du navire sur le quai, ou *vice versa,* une largeur de 70 à 80 mètres suffit pour les darses; une largeur plus grande est nécessaire si les bassins sont accessibles à la batellerie fluviale et si l'on doit prévoir des transbordements entre navires et bateaux.

L'étendue des terre-pleins et leur outillage doivent dépendre, dans chaque port, de la nature et de l'intensité du trafic. Les quais affectés aux lignes régulières de grande vitesse, qui transportent surtout des voyageurs, peuvent avoir des terre-pleins relativement étroits : il n'en est pas de même pour les quais attribués aux grands cargo-boats qui doivent charger ou décharger dans un temps très court d'énormes et encombrantes cargaisons.

La réduction du temps de séjour des navires dans les ports est nécessaire pour augmenter l'utilisation du matériel naval; elle a d'autant plus de prix que le navire représente une plus grande valeur et que sa vitesse permet d'abréger la durée de la traversée. Les grands cargo-boats disposent d'engins mécaniques nombreux et puissants pour activer les manutentions qui se font à bord, telles que l'arrimage et le désarrimage des marchandises, leur sortie du fond des cales; ils doivent, par contre, trouver sur les quais des moyens assez puissants et convenablement disposés pour assurer l'enlèvement de la marchandise sur le pont ou sous le palan du navire et son transport sur le terre-plein, ou *vice versa,* ainsi que des terre-pleins vastes et aménagés en vue de recevoir cette marchandise.

Celle-ci, appartenant à un grand nombre de destinataires, doit être, au fur et à mesure du déchargement, répartie sur le terre-plein, groupée, reconnue, vérifiée et classée. Ces opérations, pour se faire par tous les temps avec rapidité et économie, sans encombrement ni erreur et sans danger d'avaries, nécessitent de grandes surfaces et des surfaces couvertes. Des terre-pleins donnant 50 mètres carrés par mètre courant de quai paraissaient suffisants il y a peu d'années; aujourd'hui, dans bien des cas, le commerce réclame 100 mètres carrés et même 150 mètres carrés. Pour obtenir une pareille surface, on est le plus souvent conduit à établir des hangars à plusieurs étages, tantôt construits bord à quai et munis de grues à la partie supérieure, tantôt édifiés à 10 ou 12 mètres du bord, de manière à laisser entre eux et le navire la place d'une ou deux voies ferrées de transbordement direct. On a reconnu que, dans la plupart des cas, ces voies de transbordement direct sont plus gênantes qu'utiles, les marchandises exigeant presque toujours une reconnaissance préalable, et la tendance actuelle est de reporter les voies ferrées et charretières au delà du terre-plein de dépôt. La largeur occupée par ces voies diverses sur des quais bien desservis et à trafic intense atteint 20 à 30 mètres.

Les ports doivent disposer des engins nécessaires pour visiter, nettoyer, réparer les navires. Ces engins consistent le plus souvent en formes de radoub, dont les dimensions, lorsqu'elles sont affectées à la grande navigation, doivent être calculées en vue de recevoir les plus forts navires, non pas seulement par certaines marées et après allègement plus ou moins complet, mais par toutes marées et avec leur chargement, prêts à prendre la mer. Il est, par suite, désirable d'établir le seuil des formes de radoub, comme le seuil d'amont des écluses d'entrée des bassins, à 9 ou 10 mètres au-dessous du niveau des hautes mers de morte eau. Le radier de la forme doit être plat, comme le fond du navire, et être à 1 mètre au moins au-dessous du seuil, afin de ménager la place des tins et de permettre l'accès sous le navire. La largeur de l'écluse de tête peut être réduite à 25 mètres, l'entrée des navires se faisant sans vitesse. La longueur utile doit être portée à 250 mètres. La forme doit être pourvue d'une fosse à gouvernail ; ses machines d'épuisement doivent permettre la vidange en trois ou quatre heures.

Pour réaliser tout cet ensemble de conditions, on aura toujours à vaincre de grosses difficultés, quelque favorables que soient les circonstances locales, et on devra engager des dépenses considérables. On ne pourra donc pas poursuivre cette réalisation dans un grand nombre de ports à la fois.

Force sera de concentrer tous les efforts budgétaires dans un petit nombre de points convenablement répartis et judicieusement choisis. Cette concentration sera en même temps avantageuse au point de vue du développement du trafic, car celui-ci ne peut atteindre son maximum d'intensité que dans de grands centres commerciaux où peuvent se trouver réunies ces deux conditions : multiplicité des moyens de transports assurés à tout moment et dans toutes les directions, abondance des frets de toute provenance et de toute destination.

« Avec l'augmentation du tonnage des navires, la faveur croissante accordée aux services réguliers, l'élévation des dépenses exigées pour la construction et l'amélioration des ports, la concentration des grandes opérations maritimes devient et deviendra de plus en plus une condition nécessaire au développement de la prospérité commerciale d'un pays. »

On peut en tirer aussi cette conclusion que les ports dans lesquels, pour une raison ou pour une autre, une telle concentration ne pourra pas se faire, seront, par cela même, voués à déchoir rapidement.

C'est l'avis unanime de tous les hommes au courant des choses maritimes. Sa méditation s'impose à ceux qui ont mission de veiller aux intérêts du pays. Il importe qu'il en soit tenu compte au moment où les Chambres vont arrêter le programme des grands travaux à exécuter en vue d'améliorer l'outillage national, et qu'on renonce aux errements fâcheux du passé qui ont conduit à répartir des ressources déjà trop restreintes sur un trop grand nombre de points en dotant certains ports d'installations qui leur étaient inutiles et en privant certains autres, souvent les plus intéressants, de ce qui leur eût été nécessaire pour soutenir la concurrence de l'étranger.

Bordeaux. — Impr. G. Gounouilhou. — G. Chapon, *directeur.*
9-11, rue Guiraude, 9-11.